包 装 造 型

Packaging Modeling
and
Structure Design

与

结 构 设 计

史墨 编著

U0244022

化学工业出版社
·北京·

内容简介

本书主要包括包装造型设计和包装结构设计两部分，并以此作为切入点，详细讲解如何从造型与结构进行包装设计实践。其中，单元一从包装功能、分类、历史等方面阐述了包装设计的相关基础知识，单元二则从设计原则、方法、过程等方面详细讲授如何进行包装外观造型设计，单元三主要从结构功能、结构分类和结构方法方面讲授了如何通过设计优化包装结构，单元四通过优秀案例赏析，呈现设计亮点，讲述如何通过改变包装常规结构实现减量设计、如何通过优化结构设计增强减震功能、如何通过结构的巧妙变化实现包装再利用等。

本书由浅至深、循序渐进，追踪学科前沿，充分诠释了设计构思与实践方法，是一本具有指导性和实用性的师生教学用书，也可以作为相关行业从业者的参考用书。

图书在版编目（CIP）数据

包装造型与结构设计/史墨编著. —北京：化学工业出版社，2022.8（2023.11重印）
ISBN 978-7-122-41307-9

Ⅰ.①包… Ⅱ.①史… Ⅲ.①包装设计-结构设计 Ⅳ.①TB482.2

中国版本图书馆CIP数据核字（2022）第071959号

责任编辑：李彦玲　　　　　文字编辑：吴江玲
责任校对：刘曦阳　　　　　装帧设计：王晓宇

出版发行：化学工业出版社
　　　　　（北京市东城区青年湖南街13号　邮政编码100011）
印　　装：北京尚唐印刷包装有限公司
787mm×1092mm　1/16　印张6$\frac{1}{2}$　字数130千字
2023年11月北京第1版第2次印刷

购书咨询：010-64518888　　　售后服务：010-64518899
网　　址：http://www.cip.com.cn
凡购买本书，如有缺损质量问题，本社销售中心负责调换。

定　　价：49.80元　　　　　　　　　版权所有　违者必究

Packaging Modeling
and
Structural Design

　　包装设计，是视觉传达设计中的重要组成部分。在日常生活中，商品的包装设计就像建立在消费者与产品之间的一座桥梁，直接影响着消费者的购买行为。在艺术设计本科教学中，包装设计课程是一门实践性很强的设计课程，在视觉传达设计教学体系中始终占据着重要地位。

　　包装设计是一门综合性很强的学科，它不仅涉及二维的平面设计，还涉及三维方面的立体设计。包装设计可细分为包装造型设计、包装结构设计、包装材料设计，以及包装平面设计等几个部分。它们是包装设计的基石，相互联系，相互作用。在包装设计课程的学习过程中，可以通过从部分到整体的学习方法，将各个基础部分逐一掌握，而后融会贯通，从而达到熟练地进行设计实践的学习目的。

　　《包装造型与结构设计》一书主要着眼于包装设计中的立体设计部分，这也是包装设计课程中的重点与难点。同时，包装造型与结构作为包装设计的基础部分，要求设计者熟练掌握。本书以此作为切入点，详细讲解如何从这两方面入手进行设计实践。即：包装造型设计部分通过设计原则、设计方法、设计过程等基础性知识的讲解，使读者了解相关知识点；包装结构设计部分则通过包装结构功能、结构分类和结构方法的讲述，使读者明确结构设计的重要意义。与此同时，本书列举了丰富的优秀设计案例。单元四中的获奖案例也是本书的亮点与特色，选择的案例从结构设计与造型设计的角度出发，具有典型性与代表性。案例的讲述由浅至深，引领读者从不同的视角挖掘产品与包装之间的联系，创作出节约、环保、造型独特的优秀包装设计作品，以实现将理论基础转换为设计实践的目的。

　　本书中参考学习了关于包装设计方面的相关设计作品和部分文献资料，在此，对其设计者和作者深表谢意。希望本书能够为读者朋友的学习、研究和实践提供一些帮助，并祝愿读者们能够从中感悟设计，有所收获。

　　书中的不足和疏漏之处，敬请专家学者和广大读者批评指正。

史　墨
2022年2月

目 录
CONTENTS

单元四
优秀设计案例赏析　　　　　056

参考文献　　　　　098

单元一

包装设计总论

包装设计是一门综合性很强的学科，与人们的生活息息相关。伴随着商品经济的高速发展，包装设计作为商品生产的终端环节，成为沟通生产与消费不可缺少的桥梁。从原始社会的彩陶容器到今天琳琅满目的商品包装，包装的形式与功能不断地发生着变化，它已经成为我们生活中必不可少的一部分。

一、包装的含义与功能

1.包装的含义

包装是指产品在流通过程中，为达到保护产品、方便储运、进行促销等目的，按照一定的要素所采用的容器、材料及辅助物的总称。从经济学的角度来解释，包装是商品的附属品，是实现商品价值和使用价值的一个重要手段（图1.1～图1.3）。

2.包装的功能

包装作为沟通消费者与产品的桥梁和纽带，具有容纳、保护、方便、传达、销售五大功能。

（1）容纳功能（基本功能）

指储藏和容纳，以及包扎商品的作用，即商品的存在空间。在经济高速发展的今天，任何一种产品都需要包装，这是其进入经济市场的前提。如图1.4所示，它是巴黎世家花之幻语（ROSABOTANICA BALENCIAGA）女士香水的包装设计。该香水瓶设计独特，颜色鲜亮，黑白彩色相间，是一款非常富有艺术魅力的瓶装设计。

图 1.1

图 1.2

图 1.3

图 1.4

图 1.5

图 1.6

（2）保护功能（基本功能）

和容纳功能一样，保护产品的功能也是包装基本的功能之一。任何一种商品，从生产到销售，要经过多次流通，才能进入市场，最终到达消费者的手里。在这个过程中，商品会受到来自两方面的损伤：自然条件的变化而产生的损伤，人为因素而造成的损伤。所以，商品包装具备足够的抗震缓冲功能，从而达到有效保护商品的作用就成为商品包装极为重要的目的之一（图1.5、图1.6）。

（3）方便功能（实用功能）

在商品整个流通过程中，以人为本，站在消费者的角度来进行包装的设计，给人带来各种便利，包括使用的方便、储运的方便、销售的方便等（图1.7～图1.9）。

图 1.7   图 1.8   图 1.9

（4）传达功能（信息功能）

目前，大型购物中心与各种大、中、小型超市的涌现，为包装的发展带来了新的契机。优秀的包装设计具有较强的信息传达功能，它能在瞬间使消费者产生深刻的印象，准确地传递商品信息（图 1.10、图 1.11）。

图 1.10   图 1.11

（5）销售功能（审美功能）

随着商品市场的繁荣发展，商品包装设计的审美特性日益显示出它的强大功能。自助式销售方式的兴起，使购买形态和销售方式发生了重大变化，商品包装即成为新的销售媒体，对产品进行着无声的宣传（图 1.12、图 1.13）。

图 1.12

图 1.13

二、包装的类别

　　研究包装的种类，帮助设计者对包装的形态、功能、材料、技术等方面有一个初步的认识，对于规范不同种类包装的称谓也有一定的意义。但是，目前对此还没有统一的标准。不同的学者根据不同的分类角度，有各自不同的见解。一般来讲，销售包装与运输包装是普遍公认的两大类。除了从销售与运输两大功能上去考虑包装的种类，还可以从材料、技术、体积、风格上去划分包装的种类。常用的包装分类如下。

　　① 按包装形态分类：包装箱、包装盒、包装瓶、包装袋、包装罐、手提式包装、折叠包装、可挂式包装、POP式包装等。

　　② 按商品内容分类：食品包装、日用品包装、烟酒包装、化妆品包装、医药包装、家电包装、工艺品包装、儿童玩具包装、化学品包装、纺织品包装、军需品包装等。

　　③ 按包装材料分类：纸包装、金属包装、玻璃包装、木包装、竹包装、布包装、塑料包装、陶瓷包装等。

　　④ 按包装技术分类：真空包装（贴体包装）、冷冻包装、充气包装、绿色包装（生态包装）等。

　　⑤ 按包装风格分类：礼品包装、传统包装、现代包装、简约包装。

　　基于对包装造型与包装结构的研究范围，我们从包装销售与运输方面划分包装类别，可分为：运输包装与销售包装以及介于二者之间的包装形式。

　　① 运输包装：又称大包装。生产部门为了方便计数、仓储、堆存、装卸和运输的

包装造型
与
结构设计

需要，把单体的商品集中起来，装成大箱，这就是运输包装。它要求坚固耐用，不使商品受损，在一定的体积内合理地装更多的产品。由于它一般不和消费者见面，故较少考虑它的外表设计。为方便计数及标明内在物，只以文字标记货号、品名、数量、规格、体积，以及用图形标出防潮、防火、防倒等要求就可以了。

　　② 中包装：是介于运输包装与销售包装之间的包装形式，比销售包装有更多的保护功能，例如：20瓶饮料被放置在包装纸盒中，这个包装盒比起运输包装有更多的装饰设计。由于大型购物中心与超市的销售特性，这种包装也越来越受到人们的重视。

　　③ 销售包装：也可以称为小包装，是个体商品的外部包装，且直接面对消费者，在货架上陈列，消费者可以通过销售包装了解产品信息，从而选择满意的商品。

三、包装设计的发展历史与趋势

1.原始包装形态

　　人类的祖先利用大自然中自然生长的植物叶子、果壳、果皮等天然原材料对食物、水和物品进行包裹、捆扎以及盛装。原始包装的特点是就地取材，物尽其用。严格意义上说，这种包装不具备设计的含义，它是包装的萌芽（图1.14～图1.16）。

图 1.14

图 1.15

图 1.16

图 1.17

2.古代包装形态

当人类对于物质的需求不仅仅停留在生存层面时，人类的生产技术大幅进步。物质资源丰富了，生产和生活资料出现了剩余，于是，交换的现象出现了。产品在交换过程中需要有更加牢固、结实、美观的包装。这个时期，陶瓷、竹材、木材、丝绸等都被用作包装的媒介。包装更为美观，做工更加精细（图1.17～图1.19）。

图 1.18

图 1.19

3.近代包装形态

进入工业社会，机器的批量生产使产品制造空前发展，同时也促进了产品包装质量的不断提高，包装进入一个全新的阶段。包装的目的不再只是单纯的保护与储藏商品，同时还肩负美化商品、增加产品附加价值以及促进销售等功能（图1.20～图1.22）。

图 1.20

图 1.21

图 1.22

4.现代包装形态

二十世纪六七十年代，超级市场的出现、摄影技术的使用、新材料新工艺的发明，以及条形码的推广都为商品包装带来了空前的发展和繁荣。进入九十年代，"生态与环保"得到人们的高度重视，"绿色生活""绿色设计""绿色包装"成为人们对包装设计新的需求（图1.23～图1.25）。

图 1.23

图 1.24

图 1.25

5.包装设计的发展趋势

随着环保意识的加强，全球掀起了绿色浪潮。人们对"绿色、生态"有越来越多的关注。商品包装作为人们生活中不可或缺的部分，也将以"利用资源，保护环境"为出发点、"以无胜有，以少胜多"为设计理念，赋予包装以全新的情感诉求与人文关怀（图1.26～图1.29）。

图 1.26

图 1.27

图 1.28

图 1.29

四、包装设计构成要素

1. 包装立体形态设计要素

　　包装立体形态设计要素主要包含两个部分，即：包装造型设计与包装结构设计。包装造型设计主要是指从科学原理出发，针对包装的外部形态进行造型设计。而包装结构设计则是根据不同材料、不同成型方式，对包装内部结构所进行的设计。二者相互联系，相互作用（图 1.30、图 1.31）。

图 1.30

图 1.31

2.包装品牌设计要素

产品品牌形象和推广策略是包装设计的重要组成部分，也是企业通过商品销售进行自我宣传的重要途径。合理地将品牌策略融入包装设计成为区别于其他同类商品的方法和手段。每一个品牌都会有自己的品牌故事。TAZA巧克力的品牌创始人回忆自己的母亲把亲戚从墨西哥带来的黑巧克力棒存储在玻璃瓶里，在寒冷的冬天，她会拿起这个玻璃瓶，酿造出热巧克力。所以每当发现包着圆形包装的巧克力时，会不禁流露出怀旧之情。

TAZA巧克力的品牌主题便是怀旧。TAZA巧克力运用它们的包装风格去体现一种怀旧之美（图1.32～图1.35）。

图 1.32

图 1.33

图 1.34

图 1.35

3.包装平面设计要素

　　包装平面设计要素主要指包装视觉传达设计要素：通过对包装上的图形、文字、色彩、版面的设计，达到理想的视觉效果，以此来实现包装的促销功能。在"Panera"面包的节日包装（图 1.36 ～图 1.41）中，经典怀旧的图案烘托着节日的气氛。所有的小饰品和长筒袜里的礼物都充满了快乐的气息。幽默夸张的字体和凸版印刷的方式传递给顾客愉快和雅致的情趣。其间充斥着一些奇思妙想和一点魔幻的味道。

图 1.36

图 1.37

图 1.38

图 1.39

图 1.40

图 1.41

THE BLACK BOOK OF CARDS的设计灵感来自每一个人皆像一张独一无二的扑克牌的想法（图1.42～图1.45）。这种设计理念体现在非常细密的排版，视觉设计细腻而有趣。

图 1.42

图 1.43

图 1.44

图 1.45

包装造型
与
结构设计

4.包装材料工艺设计要素

包装材料与成型工艺是实现包装设计的载体,因此,根据不同性质的商品,恰当地选择包装材料,合理地利用工艺技术,是包装设计的物质基础和先决条件(图1.46～图1.49)。

图 1.46

图 1.47

图 1.48

图 1.49

Packaging Modeling
and
Structural Design

单 元 二

包 装 造 型 设 计

包装容器造型设计是一门空间立体艺术。主要以玻璃、陶瓷、塑料等材料为主，利用各种加工工艺在空间中创造立体形态。图2.1～图2.3为"Deloitte.Digital——美味之酱"的包装设计。通过团队通力合作，每名设计师配合不同风格设计了这套独特的酱料包装。

　　包装容器造型工艺复杂，形式多变，设计者进行的是一种立体形态的创造过程。实践证明，只有掌握科学的设计方法，正确运用各种艺术造型设计原理，才能设计出新颖奇特、富有个性的好作品，达到形态与功能、形态与艺术的完美结合。

图 2.1

图 2.2

图 2.3

一、包装造型设计的原则

1.商品特性

不同的商品有各自不同的立体形态、各自不同的面貌特征，单一的包装造型无法满足琳琅满目的商品特性需求。这就要求设计师在进行包装设计时，针对不同商品的特性，合理地选择包装形式，设计出适用于设计对象的包装造型。例如有些药品与化妆品不宜长时间受光线照射，如果长时间照射会加速商品的变质，这时就应采用不透光材料或透光性差的材料；再例如啤酒、可乐等碳酸类饮料产品具有较强的膨胀气体压力，所以容器应采用圆柱体外形以利于膨胀气体压力的均匀分散，也可以说不同的商品特性造就了不同形态、不同材质的包装设计。如图2.4～图2.8所示，IZZE果汁汽水等饮料产品的容器设计采用了透光性高的材质，透过包装直接体现饮料的颜色，这些饮料包装采用了圆柱体造型，充分展示了商品的特性；包装设计中使用低纯度颜色的文字，与饮料的颜色形成了强烈的对比，为包装增添了无限的意趣。

2.安全保护

包装对商品的保护性不单单体现在不受外力碰撞的物理性侵害上，还应该体现在让商品不受到化学性侵害上，所以在进行包装设计时要充分考虑对商品是否起到了安全合理的保护作用（图2.9～图2.11）。包装造型形态的安全设计为商品保护提供了更有力的保障。

图 2.4

图 2.5

包装造型
与
结构设计

图 2.6

图 2.7

图 2.8

图 2.9

图 2.10

图 2.11

3.方便使用

　　包装造型的设计应尽量体现出消费者在携带和使用过程中的体贴和关怀。在日常生活中，人们对于方便携带、易于开启和使用的商品总会给予更多的青睐。这就要求设计师在设计时要根据商品自身特点，挖掘产品特性，进行最为实用的设计。同时还要结合人体工学原理，对人体接触商品包装时相互协调、相互适应的关系进行充分的考虑。消费者在开启和使用商品时，在倾倒、摇匀等过程中是否能够舒适地完成这些动作成为包装造型设计中的重点（图2.12、图2.13）。

图 2.12

图 2.13

　　如图2.14、图2.15所示，在这款零食包装设计中，添加了惹人喜爱的插画设计，鲜艳的色彩吸引更多的消费者前来购买。利用手提包的造型设计使之便于携带，人性化设计充满了对消费者的体贴和关怀。

包装造型
与
结构设计

图 2.14

图 2.15

4.外形美观

  包装造型同时应该注重消费者的视觉和触觉感受。从视觉美的角度来说，包装造型应当具有独特的形式美感，运用形式美法则，设计新颖独特的包装造型。另外，除了视觉体验，还要注重消费者对于包装造型的触觉感受。不同的触觉感受，不同的材料质地，所传递的情感信息也不尽相同。如图2.16～图2.19所示，产品包装外观从造型、颜色、肌理、图案等不同方面进行了探索，简洁而美观。精美的包装造型设计能够提高产品的附加值，起到"无声售货员"的作用。其中图2.16利用纸张的卷曲和折叠，增加包装强烈的触觉感受，给人以眼前一亮之感。图2.17以梯形的纸盒设计使之在众多的包装设计中脱颖而出。

图 2.16

图 2.17

图 2.18

图 2.19

5.工艺合理

根据不同的商品进行包装造型设计，所选用的包装材料也有所不同，应该注意加工工艺与包装材料是否相适应，同时应考虑加工工艺与产品内容的内在统一关系，以及加工工艺的成本（图2.20～图2.22）。

图 2.20

图 2.21

图 2.22

二、包装造型设计的方法

包装造型设计属于三维空间的立体造型设计范畴，因此在设计的思维方法上也应该是多角度、全方位的考虑。

1.体量叠加

单纯的包装造型通过体量的叠加，就可以获得全新的立体形态。对体块进行堆积、膨胀的变化处理时应考虑到各个部分的大小比例关系，空间层次是否和整体协调统一。如图2.23所示，包装造型采用多重金属圆环，通过累积和叠加，形成螺旋上升的形态。如图2.24所示，soymamelle牛奶包装的瓶型设计选择牛乳的造型，容器里面的牛奶仿佛是刚刚才挤出来的，给人以健康、新鲜、绿色、天然之感。其中圆孔的瓶盖设计便于消费者携带，使之在实用性上有了很大的提高。

2.切割变化

和体量叠加一样，切割变化也是对造型的体量塑造，所不同的是切割变化是对体量进行"减法"处理。是对基本型进行局部切割，使形态产生面的变化。如图2.25 ～图2.30所示，通过对包装造型进行适当的切割变化，使其外部形态拥有了优美的曲线，体现出一种女性之美，符合化妆品包装的设计理念。

图 2.23

图 2.24

包装造型
与
结构设计

图 2.25

图 2.26

图 2.27

图 2.28

图 2.29

图 2.30

3.凹凸变化

对包装形体的局部进行凹陷或者凸起的变化处理，从而增加造型的纵深感和起伏感。通常可以通过位置、数量、弧度等方面对造型进行变化处理，但要注意凹凸的深度和厚度不宜过度，要把握设计的尺度（图2.31～图2.34）。

图 2.31

图 2.32

图 2.33

图 2.34

4.仿生与象形

自然界中的山水景物、动物、植物都具有其独特的造型特点，优美的曲线、立体形态以及空间关系都能够成为包装设计的良好参考。商品包装中，很多包装容器借鉴了大自然中的生态形象，水滴、葫芦、瓜果、树叶等形态各异的造型被广泛使用。

象形手法与仿生手法略有不同，如果说仿生是对自然生物形态的直接模仿，那么象形则是在写实模仿的基础之上进行的加工和再创造。象形通过夸张、变形的艺术手法增强包装容器的感染力。象形的包装设计（图2.35），其外观上呈现出优美的曲线。将外观上的文字进行倾斜或旋转的排列，符合流线型的特质，拥有动感的同时也充分体现了产品特性。

图 2.35

5.肌理变化

在包装容器设计中运用包装材料进行肌理变化和肌理对比,是设计师经常使用的设计手法之一。包装造型通过材质肌理的变化形成完全不同的视觉与触觉感受,使单纯的形体产生丰富的效果。如图2.36、图2.37所示,对包装容器上的线条进行肌理变化,赋予了包装独特的视觉和触觉感受。流线型的肌理变化与产品特性相契合。如图2.38、图2.39所示,对包装的局部进行凹凸的肌理变化,为简洁的包装增添了活力。

图 2.36

图 2.37

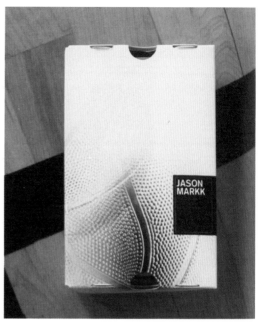

图 2.38   图 2.39

6. 空间变化

空间变化可以被视为一种特殊的"减法"处理，对包装造型进行空缺变化，形成大小不同、虚实相间的效果。在进行空间变化处理时，要注意空缺部分不宜复杂，也不宜过多，要注重包装造型整体的空间效果。如图2.40、图2.41所示，利用空间变化进行的包装设计，具有无限的延展性，为使用增添了更多趣味。

图 2.40   图 2.41

包装造型
与
结构设计

7.变异手法

变异手法是指在相对统一的结构中安排造型、材料、色泽不同的部分，使这个变异部分成为视觉的中心点或是创意的重点表现之处，从而使整个立体造型富于变化，具有层次感、节奏感和音律感。如图2.42～图2.44所示，这款香水的包装采用了玻璃和金属两种不同质感的材质，变异的设计赋予了香水强烈的层次感和节奏感，体现了产品高贵的气质。

图 2.42

图 2.43

图 2.44

8. 瓶盖变化

在整体造型统一的设计下，容器盖的造型可以丰富多样。通常容器盖部分并不承担装载商品的功能，而只是起到密闭的作用，这给容器的造型设计提供了丰富变化的可能。通过精心设计，容器盖可以成为整体造型中的锦上添花之处，从而提高容器的审美性。如图2.45、图2.46所示，瓶盖设计可谓是瓶型设计中的点睛之笔，利用凹凸的英文字母，既凸显了产品品牌，同时又为瓶子的包装添加了意趣。

图 2.45 图 2.46

三、包装造型设计的过程

造型设计是包装设计中的重要组成部分，这并不是一个简单的过程，从构思到成型需要多次的推敲、斟酌和反复的修改，以达到理想的效果。一般的设计过程，需要经过设计草图、绘制效果图、制作模型和绘制结构图这几个环节。

1. 草图和效果图

创意草图是设计表现的最初形式，它凝聚了设计师的设计理念和创新思维，用简练的视觉语言和快速的表现手法体现创意构思。草图的绘制简便易行，任何随手拈来

包装造型
与
结构设计

的工具都可以进行设计表现。设计草图可以根据需要不断进行修改和完善，具有便捷、快速的特性。草图利用简单的线条勾画出产品包装的外形，为后期的设计提供了最初的雏形。

和设计草图相比较，效果图的绘制更趋于完整和完善，更加注重细节。设计效果图用概括、快速、准确的艺术语言，力求精准地表现包装造型的体面关系和色彩质地（图2.47）。对于工具，不同的设计师可以根据喜好和习惯进行选择，常用工具有钢笔、马克笔等。

图 2.47

2.模型制作

效果图是在平面空间里对包装造型进行的设想，对体面形态和空间处理还有待推敲和完善，因此就需要制作立体模型用以考量和验证（图2.48）。

图 2.48

3.结构图

结构图一般是根据投影的原理画出的三视图，即正视图、俯视图和侧视图。结构图是包装容器定型后的制造图，因此必须按照国家标准制图技术规范的要求来绘制（图2.49～图2.53）。

图 2.49

图 2.50

图 2.51

图 2.52

图 2.53

包装造型
与
结构设计

Packaging Modeling
and
Structural Design

单元三

包装结构设计

包装结构设计是包装设计功能表达的重要一环。优秀的结构设计，需要反复地进行试验和改进，经过不断地调整和完善，才能达到理想的包装效果。

一、包装结构设计功能

1.结构设计与保护功能

包装设计中通过加强包装的缓冲结构，以达到强化产品的防震、防碎性。包装是否能够安全有效地保护商品，取决于包装结构设计是否合理和牢固（图3.1、图3.2）。

图 3.1

图 3.2

2.结构设计与储运功能

商品从出厂到销售，要经过运输和储存的过程，在这个过程中，搬运方式和运输工具对包装结构设计的合理性要进行严格的检验。从运输包装讲，外形包装应以长方形为主，这样可以无缝隙码放，也可以纵横交叉堆码。在结构设计时要尽可能地给予充分的考虑。如图3.3～图3.6所示，外形为长方形的包装，形状规则，相较于其他造型，都更加便于码放。在包装结构上，既对商品起到保护的作用，又为制造者、销售者以及消费者提供了运输上的便利。

3.结构设计与便利功能

结构设计的便利性主要包括方便开启、便于存放、方便携带等功能。同时还要便于回收、利于循环再利用等。如图3.7、图3.8所示，一分为二的包装结构设计，让消费者使用起来更加方便。这样一个小小的不同，使得其结构新颖。

包装造型
与
结构设计

图 3.3

图 3.4

图 3.5

图 3.6

图 3.7

图 3.8

如图3.9、图3.10所示，包装设计与花盆相结合，使包装具备二次利用的价值，即具有种植绿植的功能。该款设计符合绿色环保的设计理念。

图 3.9

图 3.10

4.结构设计与促销功能

　　近年来，随着自助式购物与网络购物等消费方式的兴起，包装已经不仅仅是对商品的包裹和保护，它还具有重要的推销与宣传功能。优秀的结构设计可以使商品包装具有独特的个性和艺术效果，吸引消费者的注意，增加购买欲。如图3.11～图3.13所示，这款花园用具的包装设计将商品完整地展示给消费者，使之能够充分了解商品，方便消费者的选购。包装上的花园小插图给人以清新之感，拉近了消费者和商品之间的距离，具有促销功能。

包装造型
与
结构设计

图 3.11   图 3.12   图 3.13

5.结构设计与环保功能

合理的结构设计能够在确保商品安全的基础上，尽可能地节约材料；包装结构易于安装和拆卸，能节省更多的人工成本；便于回收和废物处理。这些都有利于社会的可持续发展，为绿色环保提供更多的可能。如图 3.14 ～ 图 3.19所示，Matthew Hilton Watch 的商标和包装，以安全、环保为出发点，使用了明快的橙色纸材配以单一黑色的产品信息，给人以强烈的视觉冲击力。与此同时，手工操作的日期记录使之成为具有高品质工艺和精确计时功能的包装，满足包装功能的基础上尽可能地节省了材料和油墨。

图 3.14

图 3.15

图 3.16

图 3.17

图 3.18

图 3.19

二、常见包装结构

包装结构形式多样，这主要取决于商品的多样性。不同商品具有不同的特性，包装结构形式的设计也就不尽相同。其主要样式有盒式、瓶式、罐式、袋式、泡罩式、盘式等。

1.盒式结构

盒式结构多用于包装固体状态的商品，是一种最常见的包装结构。如图3.20、图3.21所示，这两款包装均属于盒式结构包装。虽然二者造型不同，但是都可以完美地诠释包装的各项功能，这也是盒式包装的优势所在。盒式包装在结构上灵活多变，容易成型。

如图3.22、图3.23所示，包装结构设计的不同，导致其开启方式也呈现出不同。

包装造型
与
结构设计

图 3.20

图 3.21

图 3.22

图 3.23

图 3.24

2.瓶式结构

瓶式结构多用于存放液体商品，根据包装材料可以分为塑料瓶式包装与玻璃瓶式包装等。如图3.24～图3.26所示，瓶式结构包装的密封性较好，存放液体不易溢出。瓶式结构包装设计因商品特性和品牌风格的迥异而不同。瓶贴是设计的关键部分，瓶贴的设计要求与瓶型设计完美结合。

图 3.25

图 3.26

3.罐式结构

罐式包装多用于液体、固体混装的商品，具有良好的密封性与抗压性。如图3.27所示，该款罐式包装的包装物是T恤，罐头的顶部没有纸张包裹，只有商品的标识。这是一款倡导素食和环保的包装，围绕在罐头周围的品牌标签是利用回收购物袋制作而成的，标签多出的部分方便消费者拿取。当T恤被取出后，这个罐头盒子还可以被二次利用，成为家居用品的一部分。

4.袋式结构

袋式结构多用于包装固体商品，以纸袋和塑料铝箔袋较为普遍。如图3.28所示，咖啡采用纸袋包装，手写字体仿佛在告诉消费者如何按照步骤制作出一杯美味的咖啡。纸袋结构的包装环保、省材，更加贴近自然。

如图3.29所示，采用透明塑料为包装材料，较纸袋包装在保护功能上更胜一筹，且印刷色彩鲜艳亮丽。透明塑料袋可以使消费者看见部分商品，利于促进购买。

5.泡罩式结构

指将产品置于纸板和塑料板、铝箔制成的底板上，再覆以与底板相结合的吸塑透明罩，既能透视商品，又能在底板上印刷文字与图案（图3.30）。适用于五金配件等商品。

包装造型
与
结构设计

图 3.27

图 3.28

图 3.29

图 3.30

6.盘式结构

盘式包装又可分为碗式结构、杯式结构与盘式结构，多用于食品包装。其包装材料大部分选用涂布硬纸与薄塑料片基等，方便成型，易于加工。如图3.31所示，这款包装始于如何合理地利用厨房空间，如何更好地利用食材，创造出美味的烹饪理念。包装上用凹凸无色字体与有色字体相结合，不同的字体代表不同的构成成分。

如图3.32、图3.33所示，杯式结构也可以归纳在盘式结构当中。既可以很好地包裹商品，又可以将商品信息更好地展现给消费者。

图 3.31　　　　　　　　　　图 3.32　　　　　　　　　　图 3.33

7.箱体结构

箱体结构多用于固体商品的包装，是极为常见的包装结构之一。其容量较大，便于储存和运输，多以瓦楞纸板等材料制成。如图3.34所示，这是一款限量巧克力的包装。瓦楞纸板经过巧妙地拼插组合成箱。标签被设计成一张收据的样式，巧妙、新颖。瓦楞纸板没有进行印刷，节省了成本，也更加环保。

8.管式结构

管式结构多用于半液体商品包装，多带有管肩和管嘴，以金属软管或塑料软管制成，便于使用时挤压。如图3.35所示，设计师用卡通插画的方式向消费者诠释了商品的生产过程。可爱有趣的插画让消费者产生阅读的兴趣，从而深入地了解商品。

常见的包装结构除以上几种外还有篮式结构、套式结构等。如图3.36～图3.38所示，用篮式结构包装食品，给人一种贴近自然的感受，容易使消费者联想到食品的最初样态。这与食品绿色、天然、健康的理念相契合。

图 3.34

图 3.35

图 3.36

图 3.37

图 3.38

如图 3.39 ～图 3.41 所示，赛芙糕点的套式礼盒包装层层叠高，最高可达到七层之多。套式礼盒传达出该品牌与众不同的气质，是梦想与非凡的呈现。

图 3.39

图 3.40

图 3.41

  包装造型
与
结构设计

三、纸包装结构设计

不同商品要根据不同的特性选择不同包装材料和加工工艺进行设计，例如塑料包装、玻璃包装、金属包装、竹木包装等，其包装材料不同，加工工艺和结构设计也就不同。这里我们主要针对广泛应用于商品包装的纸质材料进行结构设计的研究。

1.纸盒包装的特点

纸盒包装是目前应用最为广泛、结构变化最多的一种包装形式。具有成本低、易加工、适宜大批量生产、结构变化丰富多样等优势，且能够进行精美的印刷，以促进销售。纸盒包装在使用之前是折叠压平的形态，因此其运输和储存成本较低。如图3.42～图3.44所示，通过折纸完成的包装设计，在运输过程中，完全可以将包装压平装运，减少仓储空间，节约运输成本。结构上完全靠纸张折叠成型，无须胶水的黏合，缩减了包装成本。折叠方式可以通过创意为奢侈品营造出一种高端的感觉。

图 3.42

图 3.43

图 3.44

图 3.45

纸盒包装对于商品的重量及大小尺寸是有所要求的。一般的纸盒包装与用于外包装的瓦楞纸箱在用途及定位方面是有所区别的。纸盒包装使用的纸材厚度一般应在0.3～1.1毫米，因为小于0.3毫米则硬度不能满足韧性要求，大于1.1毫米则在加工上难度较大，不容易得到合适的压痕，也不易粘接。纸盒包装在未装入商品之前，是以折叠压平的形式堆码运输和储存的，这是纸盒包装区别于其他形式包装的另一重要特征。在纸盒包装的范畴内，还有一种手工性很强、小批量生产的粘贴纸盒，常用于工艺品、礼品、生日蛋糕等食品的包装，而这类包装一般是不需要折叠压平的。如图3.45所示，这是曼哈顿一家高端曲奇店的设计。礼盒式的纸盒包装便于码放。复古的设计凸显了手工制作的感觉。

2.纸盒包装设计的注意要点

① 纸张的厚度：在设计结构时要考虑到纸张的厚度以及柔韧性，将纸张厚度列入计算范围内，尤其在接口和转折处，力求使包装盒体摇盖部分与插接咬合部分紧密牢固，这样才能够确保纸盒印刷成型后的效果（图3.46）。

② 摇盖的咬合关系：正确地处理摇盖部分与纸盒的咬合关系，确保盒盖不会轻易地弹开。通过咬舌处局部的切割，并在舌口根部作出相应的配合，可以有效地通过咬合关系解决牢固性问题（图3.47、图3.48）。

③ 摇盖插舌的切割形制：正确的摇盖切割形制应该是在插舌两端约二分之一处做圆弧切割，而不是在插舌处做斜线切割，这样才能将摇盖更加牢固地插入盒体，增强纸盒的牢固性（图3.49）。

图 3.46

包装造型与结构设计

图 3.47

图 3.48

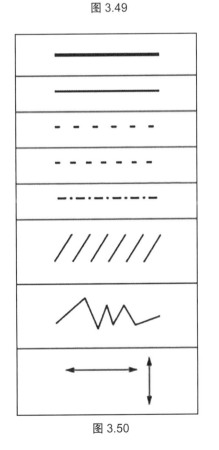

图 3.49

④ 正确使用制图符号：图3.50中的制图符号分别表示裁切线、尺寸线、齿状裁切线、内折压痕线、外折压痕线、断裂处界线、涂胶区域范围、纸张纹路走向。

⑤ 纸盒的固定：固定纸盒的结构通常可以采用两种方法。第一种固定方法不用粘接或打钉，而是根据纸盒自身的结构关系，在设计上使盒体两侧相互紧扣，这种固定方法外形美观，生产工序简便。但是为了纸盒的牢固，应该尽量避免结构复杂的组接。第二种固定方法是利用粘接或打钉的固定法。如图3.51所示，利用粘接的方法可以使纸盒预先粘接好某些部分，生产时多一道工序，但在使用时纸盒的牢固程度会大幅提高。比如管式结构的自动锁底采取预粘的方法，使用时底部的工序被

图 3.50

简化为零，非常方便。打钉的方法则适用于较厚的板纸或瓦楞纸，由于纸厚度大、弹性强，因而不易粘接，采用打钉的方法加工就会较为简便。

图 3.51

3.纸盒结构设计

（1）管式纸盒结构

　　管式纸盒结构是日常生活中使用最为普遍的包装结构。外形呈四边形，纸盒侧面有粘口。经济实用，多用于食品、药品、化妆品以及生活日用品方面的包装。管式纸盒结构根据商品的不同特性与类型，在摇盖与盒底的设计中给予了不同的组装方式，呈现出多种结构样式。其中纸盒包装的盒盖部分是消费者开启包装的着手之处，所以方便开启、易于操作是盒盖结构的设计重点。盒盖的结构设计方式主要有：摇盖插入式、锁口式、插锁式、黏合封口式、连续摇翼窝进式等。而包装盒底通常承载着商品的全部重量，所以加强盒底的牢固性是纸盒盒底结构设计的重要因素，同时在安全牢固的基础上，还要注意在装填商品时是否操作简单、节省人工成本和时间成本等。包装盒底常用的结构方式主要有：别插式锁底、自动锁底等。

　　（盒盖结构）摇盖插入式：其盒盖部分有三个摇盖，主盖有插舌，以便插入盒体起到封闭作用。设计时应注意摇盖的咬合关系。摇盖插入式的管式纸盒结构在包装应用中最为广泛（图3.52、图3.53）。

图 3.52

图 3.53

包装造型
与
结构设计

（盒盖结构）锁口式：这种结构通过正背两个面的摇盖相互产生插接锁合，使封口更为牢固（图3.54）。

图 3.54

（盒盖结构）插锁式：插接与锁合相结合的一种方式，结构比摇盖插入式更为牢固（图3.55）。

图 3.55

（盒盖结构）黏合封口式：密封性能好，适用于机器自动化生产。主要适合于包装粉状、粒状的商品，如洗衣粉、谷类食品等（图3.56、图3.57）。

图 3.56   图 3.57

（盒盖结构）连续摇翼窝进式：这种锁合方式虽然造型优美，但手工组装和开启较麻烦，适合于礼品包装（图3.58）。

图 3.58

（盒底结构）别插式锁底：通过"别"和"插"使管式纸盒底部的四个摇翼部分相互咬合（图3.59）。组装简便，有一定的承重能力，在管式纸盒结构包装中应用较为普遍。

图 3.59

（盒底结构）自动锁底：自动锁底是采用了预粘的方法，使用时只要撑开盒体，盒底就会自动恢复锁合状态，使用极其方便，省时省工，并且牢固，具有承重力，最适合于自动化生产（图3.60）。

图 3.60

（2）盘式纸盒结构

盘式纸盒结构一般由上下两个单体组合而成。是由纸板四周进行折叠咬合、插接或黏合而成型的纸盒结构。多用于包装服装、鞋帽，以及礼品等。盘式纸盒的成型方法有别插式、锁合式等。其盒盖的结构设计一般包括：罩盖式、摇盖式、抽屉式、书本式等。如图3.61所示，运动鞋盒采用罩盖盘式包装，新颖、富有创意，充满活力。

包装造型
与
结构设计

（3）手提式纸盒结构

该纸盒结构形态与手提袋相似，在商品包装中为了方便手提而设计的一种纸盒结构。多用于礼品、饮料等有一定重量或体积较大的商品包装。具有结实、牢固、便于携带等特点（图3.62）。

图 3.61

图 3.62

（4）开窗式纸盒结构

开窗式纸盒包装属于半封闭式包装结构，通过在纸盒盒体表面切出"窗口"，使商品直接面向消费者。这种包装可以使消费者通过"开窗"了解商品，获得商品相关信息，从而进行购买。开窗式纸盒包装的"窗口"形式多样，可根据需要切出各种形状的"窗口"，一般要在"窗口"上覆以透明材料，以防止灰尘的进入。图3.63是"女士香水"的圣诞节限量版包装设计，该包装上充满着圣诞树、彩球、花环等圣诞元素。透过"开窗"，可以清晰地看到充满诱惑力的迷人香水瓶。

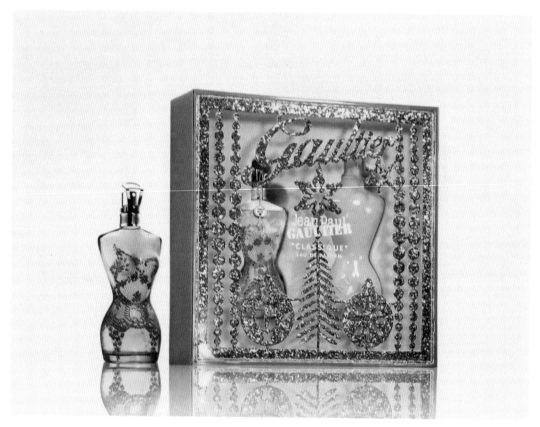

图 3.63

（5）POP式纸盒结构

POP为英文"Point of Purchase"的缩写，意思是在售卖场所促进销售的广告。在零售场所中，POP是引起消费者购买欲望的售卖广告形式，是第二次世界大战以后随着美国超级市场的出现而兴起的一种商品销售与广告相结合的促销形式。POP包装是集商品包装与POP式广告宣传为一体的包装形式。如图3.64所示，POP式包装自带展

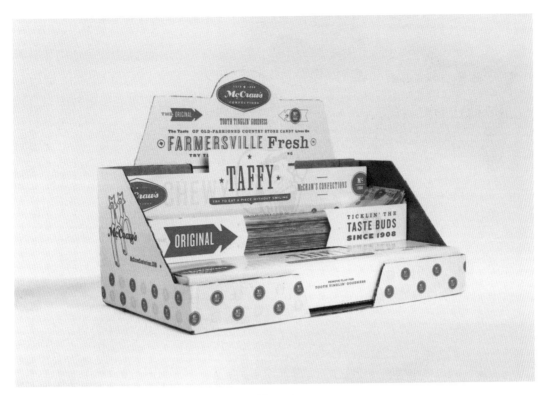

图 3.64

示、促销的功能。虽然不是一纸成型，但结构方面层次清晰，展示效果甚佳。

（6）可挂式纸盒结构

在超级市场中，一些体积较小、分量较轻的商品可以采用吊挂的方式进行陈列和展示，既节省了货架空间又增强了展示效果。通常这类商品包括小食品、儿童玩具、五金小件等。可挂式包装结构将盒体展示面加长，并在适当部位开孔，以方便吊挂（图 3.65、图 3.66）。

图 3.65

图 3.66

图 3.67

（7）间隔式纸盒结构

间隔式纸盒结构通常对成组、成套的商品进行包装，利用包装附件或与盒体自然连接的部分对包装内部空间进行分隔，从而加强对商品的有效保护（图3.67、图3.68）。

图 3.68

（8）漏口式纸盒结构

漏口式纸盒结构多用于粉状或粒状商品的包装。漏口的位置、形状、大小、材料应根据商品的特性进行合理设计，以方便消费者的使用（图3.69）。

图 3.69

包装造型
与
结构设计

（9）仿生式纸盒结构

仿生式纸盒结构通过立体造型设计模仿自然中的植物或动物形态。这类包装造型简练，结构单纯，通过对自然形态的高度概括，使包装形象生动，并具有一定的装饰性和趣味性（图3.70）。多用于儿童用品、节日用品和礼品包装。

图 3.70

单 元 四

优秀设计案例赏析

一、林云笔坊两用包装设计

此款包装考虑到在书写过程中，需要笔搁来搁置毛笔；而在书写结束后，则需要将用完的毛笔洗干净，再将毛笔悬挂到笔架上，以保持笔锋的顺直。由于笔架、笔搁与毛笔之间存在着紧密联系，因此，设计者许力将它们结合起来，设计出一款毛笔两用包装（图4.1～图4.4）。

这款毛笔包装盒由一张100％可再生纸折合而成，取出毛笔后，根据盒子上的易撕线和折线，可将包装盒分成8个部件，8个部件相互卡合可以组装出一个笔架（包括笔搁）。包装盒上的品牌字采用镭切技术完成。整个包装盒无印刷，无胶水，包装盒完成包装功能后，可以完全转换成一个笔架，没有浪费，是一款绿色环保的两用包装。

图 4.1

图 4.2

图 4.3

图 4.4

二、"荷韵"竹炭高级茶巾包装设计

　　"荷韵"竹炭高级茶巾的包装设计（设计者：史墨）有效地结合了商品特点，合理利用包装空间。合理的包装结构设计，与产品自身特点相呼应，将人使用茶巾时的"转拧"动作融入包装造型中，盒体转拧的部分起到了间隔茶巾的作用，同时转拧部分的内部空间依然可放置商品，在不浪费空间的基础上，又能够起到间隔作用。

　　市场上销售的高级茶巾，其包装大多有两个部分，即用于销售的外部包装和用于间隔茶巾与茶巾的内部包装。该设计在全封闭包装的基础上，通过减少内包装的耗材达到节约整体包装材料，将外部销售包装与内部间隔包装有机结合在一起。

　　绿色无胶，便于回收，减少污染，便于操作。以纸材料为主，包装盒无须胶粘，没有过多的渲染和修饰的设计，将高级茶巾外包装与内包装有机地合为一体，工艺方面，采用切口与折痕，根据折痕对盒体进行简单的折压，制作简单，方便操作，减少了包装程序，节省时间和劳力（图4.5～图4.9）。

图 4.5

图 4.6

图 4.7

图 4.8

图 4.9

三、"好时"节能灯包装结构设计

① 具备良好的保护性能。根据节能灯本身的造型特点，在灯口与灯管底端的位置上对包装盒进行切口，并根据折痕向内折压，折压后的包装盒与灯体相契合，盒体向内折压的部分有力地卡住灯口与灯管，灯体被严格地固定在盒体内，即使打开包装盒的顶端与底端，节能灯也不会轻易脱落，起到了有效的保护作用。同时，由于打破了以往节能灯包装的全封闭状态，包装结构采用折压方式，盒体外貌呈现多角、多面的形态，对节能灯体起到了更多的保护作用。通过落地试验，采用这种包装（设计者：史墨）的节能灯比采用普通全封闭包装的节能灯更加不易破损（图4.10）。

② 基于"绿色"概念的设计理念。

③ 合并包装附件，适度轻量化，实用性强。市场上销售的节能灯，其包装大多包含两个部分，即用于销售的外部包装和用于防震缓冲的内部包装（图4.11）。将节能灯的外部销售包装与内部缓冲包装有机结合在一起，节省了包装材料，减轻了重量，从而为从包装到运输这一整体循环过程节约了成本（图4.12、表4.1）。

图 4.10

图 4.11

图 4.12

表 4.1 市场上节能灯的内包装耗材与本包装设计耗材之比较

节能灯 /W	市场上节能灯的内包装耗材	本包装设计的耗材 /cm^2
5	2.5cm×4.5cm=11.25cm^2	0
7	2.5cm×4.5cm=11.25cm^2	0
20	11cm×5cm=55cm^2	0
80	18cm×6cm=108cm^2	0

④ 绿色环保，便于回收。以纸材料为主，实行轻量化设计，将节能灯原有的外包装与内包装有机地合为一体，减少了包装程序，便于操作，节省时间和劳动力。同时，由于合并了包装附件，更加便于回收、减少包装垃圾和废物处理。

 包装造型
与
结构设计

⑤ 加工制造性强，易于实现工业化批量生产。在制作工艺方面，采用切口与折痕，根据折痕对盒体进行简单的折压，制作简单，便于操作（图4.13）。由于将内外包装的功能合二为一，在加工方面相当于省去了制作内包装这一步骤，同时套灯、装盒等过程也变得相对简单。

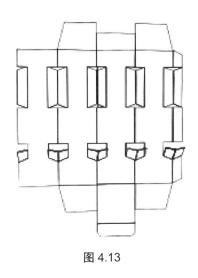

图 4.13

⑥ 造型独特，易于识别。合理的包装结构设计，与产品本身相呼应，通过对产品的结构分析，把握造型特点，设计出独特的包装造型，可以达到区别于其他产品的效果。

四、"Kfood"儿童食品趣味包装设计

Kfood儿童食品包装设计（设计者：赵汗青）主要针对的是3～6岁的儿童。通过调研的数据分析，可以发现：1～2岁的儿童喜欢玩弄纸制品，特别喜欢撕纸；2～3岁的儿童由于手指动作较差，常常还未折出物体，纸张已经被弄破了；3～6岁的儿童随着年龄的增长手眼协调能力发展得更加完善，以及对折纸有了一定的积累。

通过对折纸艺术形态进行系统有效的整理分析，在折纸与包装的结合方式方面进行了大胆的尝试，绘制了大量的草图，从而设计出适合年龄段，同时又可以满足儿童需求的包装设计。

4种饼干包装的平面设计均以手绘的插图形式呈现：将糙米、燕麦、玉米、小米的形象与饼干相结合（图4.14），风格统一而又不显单调，既符合主题，又能在视觉上吸引儿童的注意力。盒盖与盒体相连成为一个整体，盒盖上有产品的品牌logo、名称、营养成分表、折法说明示意图等信息（图4.15～图4.20）。

图 4.14

图 4.15　　　　　　　　　　　　　　　　图 4.16

包装造型
与
结构设计

图 4.17   图 4.18

图 4.19   图 4.20

在包装结构方面：正方形的包装盒，打开盖子后，盒体就会立刻扩散开来，每个盒体结构图的背面都有一张折叠示意图，把包装盒体展平，根据纸上的折叠线进行折叠，折叠过程中，孩子可以根据需要，参照盒盖的趣味折纸说明（示意图）进行折叠。

（1）数字、字母的折法

数字、字母的折法比较简单，先以数字6和数字9的折法为例（图4.21）。将数字6、数字9的虚线图（图4.22）按照折法说明（图4.23）进行折叠，得出相应的效果图（图4.24）。具体的折叠过程如下。第一步沿中线对折；第二步再沿中线对折，又形成一个比之前窄的长方形；第三步再次沿中线对折，形成一个最窄的长方形；第四步沿着虚线向里折；第五步沿着虚线往左下折；第六步沿着虚线往右折；第七步沿着虚线从下往上折；第八步沿着虚线从右往左折，数字6就折出来了。数字9与数字6的前三步都一样，是从第四步有变化的：第四步沿着虚线从右往上折；第五步沿着虚线往右折；第六步沿着虚线往右下折；第七步沿着虚线从右往左折；第八步沿着虚线往右折，这样数字9就折出来了。

图 4.21

图 4.22

包装造型
与
结构设计

沿虚线对折　　　沿虚线对折　　　沿虚线对折　　　沿虚线向里折

沿虚线往左下折　　沿虚线往右折　　沿虚线向上折　　沿虚线从右往左折

数字6完成　　　沿虚线往上折　　沿虚线往右折　　沿虚线往右下折

沿虚线往左折　　沿虚线往右折　　数字9完成

图 4.23

图 4.24

数字2、数字5与字母S的折法，是将其虚线图（图4.25）按照折法说明进行折叠，得出相应的效果图（图4.26）。具体的折叠过程如图4.27所示。第一步沿中线对折；第二步再沿中线对折，又形成一个比之前窄的长方形；第三步再次沿中线对折，形成一个最窄的长方形；第四步沿着虚线从右向下折；第五步沿着虚线从下向左折；第六步沿着虚线向左下折；第七步沿着虚线从左向右折，数字2完成。字母S与数字2的前三步都一样，是从第四步有变化的：第四步沿着虚线向右折；第五步沿着虚线向左下折；第六步沿着虚线从下往右上折；第七步沿着虚线向右下折；第八步沿着虚线向左折；第九步沿着虚线向左折，字母S完成。数字5与数字2的前三步都一样，是从第四步有变化的：第四步沿着虚线向左下折；第五步沿着虚线向右折；第六步沿着虚线向右下折；第七步沿着虚线从右往左折，数字5完成。

图4.25

图4.26

包装造型
与
结构设计

图 4.27

图 4.28

同理数字7、字母L、字母U也可以折出来（图4.28～图4.30）。

沿虚线对折	沿虚线对折	沿虚线对折	沿虚线从右往上折
逆时针旋转一下	数字7完成	沿虚线从右往上折	顺时针旋转一下
字母L完成	沿虚线向里折	沿虚线向上折	字母U完成

图 4.29

图 4.30

包装造型
与
结构设计

同理数字0、字母O也可以折出来（图4.31～图4.33）。

图 4.31

沿虚线对折　　　沿虚线对折　　　沿虚线对折　　　沿虚线向里折

沿虚线往左下折　沿虚线从下往右折　沿虚线向上折　　字母O完成

沿虚线向里折　　沿虚线往左下折　　沿虚线往右折　　沿虚线往右上折　　数字0完成

图 4.32

图 4.33

同理字母E也可以折出来（图4.34～图4.36）。

图 4.34

沿虚线对折   沿虚线对折   沿虚线对折   沿虚线向里折

沿虚线向下折   沿虚线向右折   沿虚线向上折   沿虚线剪开

字母E完成   图 4.35

包装造型
与
结构设计

图 4.36

同理字母V也可以折
出来（图4.37～图4.39）。

图 4.37

沿虚线对折　　　　　沿虚线对折　　　　　沿虚线对折　　　　　沿虚线向上折

沿虚线向里折　　　　字母V完成

图 4.38

图 4.39

盒子L、盒子O、盒子V、盒子E能组成单词"LOVE"（爱），代表着父母对孩子的爱，父母也必将最优质的食品带给宝宝，符合"Kfood"儿童食品品牌的内涵和定位。

包装造型
与
结构设计

（2）半立体图形的折法

将相框的虚线图（图4.40）打开，按照说明，儿童可以轻松折出相框（图4.41）。按照折法说明的16步（图4.42）进行折叠，首先按对角线对折，其次把宽和高平分成四段，再把一条宽边的中心点和一条高的中心点相连进行折叠，另外的两条边也按同样的方法折叠，上下左右四个小角，都从顶点往内侧折叠2次，折叠说明中标注了折叠步骤和走向。

图 4.40

图 4.41

沿对角线对折

与中心线对齐折叠

展开

左右两侧与中心对齐折叠

从中间斜着折叠，反面也按照同样的方法折叠

折出印痕后如图所示

展开

两侧向上拉开，与中心线对齐折叠

下面也按照同样的方法折叠

左上角向上，右下角向下折叠

拉起边角

压平成四边形

其他几个角也按同样的方法压平成四边形

每个小四边形均与其中心线对齐折叠

沿印痕展开后再压平，其余7个角也按照同样的方法折叠

尖尖的三角形向上翻折，中心的4个角也向上翻折

图 4.42

按照相框的折叠方法，心形也可以轻松地折叠出来（图4.43～图4.45）。

图 4.43

沿虚线向上折叠

沿虚线向下折叠

沿折痕折成如图的三角形

将三角形上下两个角分别向
左边的角对折

将折好的角分别向外拉伸，
形成一个正方形

将折好的正方形的两个边向
中线对折

拉开

右边的做法同上，折好了就
是这样

左右对折，上下两个角沿着
三角形的边折起来

把多余的地方塞到三角形里面

将上边多余的地方向后折

左右两角分别向后折过去一
点，心形就完成了

图 4.44

图 4.45

（3）立体图形的折法

图 4.46

图 4.47

对比平面数字折纸而言，立体图形在"折纸"的过程中更具有趣味性，让儿童觉得有意思，能深入地玩下去。以兔子的折法流程为例（图4.46），从其虚线图（图4.47）上就能模糊地看出兔子的形状，按照折法说明的15步（图4.48）进行折叠，就能折出一个可爱、俏皮的兔子（图4.49）。

上边沿虚线向下对折

右边沿虚线向左对折

上层的左上角沿虚线往右撑开，带动
下一层沿点划线压折出一个等腰三角形

反面相同折法

双三角形完成

把双三角形纸的左右角分别沿线
向中间折

上层左右角分别沿线向中心折

两上顶角都沿线向下折

分别沿虚线往左向右向下折，并各
自塞进夹层里

翻过来

左右角分别沿线向中间折

两个顶角分别沿线往上向左向右折，
并使上翻的两边保持在同一水平线上

下边左右角分别沿线向中间折

继续沿线向中间折

往下顶角的小孔中吹气，
并整体顺时针旋转90度

图 4.48

图 4.49

包装造型
与
结构设计

按照兔子的折叠方法，千纸鹤也可以轻松地折叠出来（图4.50～图4.52）。

图 4.50

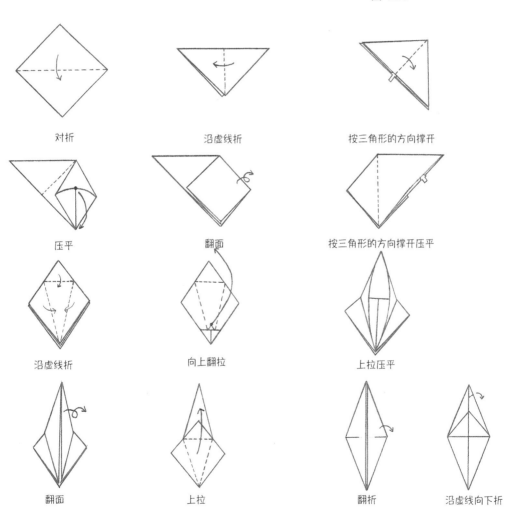

对折

沿虚线折

按三角形的方向撑开

压平

翻面

按三角形的方向撑开压平

沿虚线折

向上翻拉

上拉压平

翻面

上拉

翻折

沿虚线向下折

图 4.51

图 4.52

按照兔子的折叠方法，气球也可以轻松地折叠出来（图4.53～图4.55）。

图 4.53

上边沿虚线向下对折

右边沿虚线向左对折

上层的左上角沿虚线往右撑开，带动下一层沿点划线压折出一个等腰三角形

反面相同折法

双三角形完成

把双三角形纸的左右角分别沿线向中间折

上层左右角分别沿线向中心折

两上顶角都沿线向下折

分别沿虚线往左右向下折，并各自塞进夹层里

反面也按照同样的方法折叠

往下方的孔里吹气

图 4.54

图 4.55

图 4.56

按照兔子的折叠方法，企鹅也可以轻松地折叠出来（图4.56～图4.58）。

上顶角沿虚线向下对折

右角沿虚线向左对折

上层的左上角沿虚线往右撑开，压折出一个正方形

反面相同折法

把双正方形纸的上层下角沿虚线向上折，反面相同折法

右角沿虚线向中间折，反面相同折法

左下顶角往上向左拉出并压折

中间部分沿虚线向下折，上顶角沿虚线向上折，反面相同折法

左下角沿虚线往右向上折，反面相同折法，然后顺时针旋转90度

上顶角的两左邻边（正反面）都沿虚线往右外翻并向上凸折

左角的正反面都沿虚线往右向里凹折，然后逆时针适当旋转

画上眼睛成企鹅

图 4.57

图 4.58

按照兔子的折叠方法，公鸡也可以轻松地折出来（图4.59～图4.61）。

图 4.59

把正方形沿一对角线对折后打开，然后左右角分别沿虚线向该对角线对折

下顶角沿虚线往背面向上折

左右角分别沿虚线向中间折

右面部分一起沿虚线往背面向左对折

右下角的正反面都沿虚线往上向里凹折

上层下顶角的两左邻边（正反面）都沿虚线往上向右外翻并凸折，反面相同折法

左边上顶角先沿虚线向下翻折，后沿虚线向上返回折，反面相同折法

左上角沿虚线向下凸折

右上角的右邻边沿虚线剪开，然后上顶角的正反面都沿虚线往下向里凹折

顺时针适当旋转并画上眼睛成公鸡

图 4.60

图 4.61

按照兔子的折叠方法，零食盒也可以轻松地折叠出来（图4.62～图4.64）。零食盒独特的造型可以让儿童在折叠的过程中充满乐趣，折叠出来的零食盒可以用来装饰物品或当成储存盒，具有一物多用性。

图 4.62

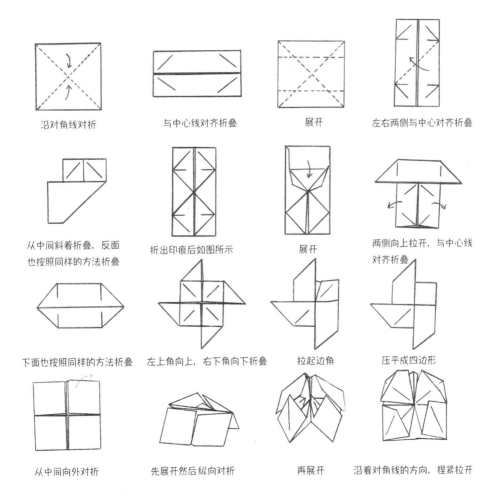

沿对角线对折　　　　与中心线对齐折叠　　　　展开　　　　左右两侧与中心对齐折叠

从中间斜着折叠，反面　　　折出印痕后如图所示　　　展开　　　两侧向上拉开，与中心线
也按照同样的方法折叠　　　　　　　　　　　　　　　　　　　　　　对齐折叠

下面也按照同样的方法折叠　　左上角向上，右下角向下折叠　　拉起边角　　　压平成四边形

从中间向外对折　　　先展开然后后纵向对折　　　再展开　　　沿着对角线的方向，捏紧拉开

图 4.63

图 4.64

按照兔子的折叠方法，帆船也可以轻松地折叠出来（图4.65～图4.67）。

图 4.65

包装造型
与
结构设计

沿对角线对折　　　　与中心线对齐折叠　　　展开　　　左右两侧与中心对齐折叠

从中间斜着折叠，反面　　折出印痕后如图所示　　展开　　　两侧向上拉开，与中心线
也按照同样的方法折叠　　　　　　　　　　　　　　　　　对齐折叠

下面也按照同样的方法折叠　　沿着对角线向内侧折叠　　将船折叠成交叉的十字形　　把下方的角向左
　　　　　　　　　　　　　　　　　　　　　　　　　　　　　　　　侧折叠

图 4.66

图 4.67

图 4.68

按照兔子的折叠方法，盒子也可以轻松地折叠出来（图4.68～图4.70）。立体图形可以让儿童在折叠的过程中充满乐趣，折叠出来的盒子可以用来当作储存盒，具有一物多用性。

沿对角线对折　　与中心线对齐折叠　　展开　　左右两侧与中心对齐折叠

沿虚线向里对折　　沿虚线向里对折　　沿箭头的方向把虚、实线重合在一起　　纸的中间形成一个立体盒子的形状

做山形折叠，把它们往盒子的里面折，盖住盒子的边缘　　盒子完成

图 4.69

图 4.70

图 4.71 ～图 4.84 为盒子整体的效果图、整体和局部的实物图。

图 4.71

图 4.72

图 4.73

图 4.74

包装造型
与
结构设计

图 4.75

图 4.76

图 4.77

图 4.78

包装造型
与
结构设计

图 4.79

图 4.80

图 4.81

图 4.82

包装造型
与
结构设计

图 4.83

图 4.84

参考文献

[1] 陈磊.纸盒包装设计原理：创意与结构设计手册[M].北京：人民美术出版社，2012.

[2] 陈磊.包装设计[M].北京：中国青年出版社，2006.

[3] 朱彧.容器造型设计表现技法[M].合肥：合肥工业大学出版社，2006.

[4] 李闯，莫怏.包装容器造型与教学[M].长沙：湖南美术出版社，2010.

[5] 刘克奇，曾宪荣.现代包装容器造型[M].长沙：湖南人民出版社，2007.

[6] 陈小林.包装设计[M].成都：四川美术出版社，2006.

[7] 加文·安布罗斯，保罗·哈里斯.创造品牌的包装设计[M].北京：中国青年出版社，2012.

[8] 萧多皆.纸盒包装设计指南[M].辽宁：辽宁美术出版社，2003.

[9] 刘春雷.包装造型创意设计[M].北京：印刷工业出版社，2012.

[10] 陈青.包装设计教程[M].上海：上海人民美术出版社，2012.

[11] 肖禾.销售包装设计[M].北京：印刷工业出版社，2008.

[12]《液体包装视觉艺术》编辑组.液体包装视觉艺术[M].贺丽，译.辽宁：辽宁科学技术出版社，2011.

[13] 刘雪琴.包装设计教程[M].武汉：华中科技大学出版社，2012.

[14] 安德鲁·基波斯.盒子瓶子袋子[M].郑筱莹，译.北京：人民美术出版社，2011.

[15] 莎拉·罗纳凯莉，坎迪斯·埃利科特.包装设计法则[M].南昌：江西美术出版社，2011.

[16] 新查理.新包装设计[M].辽宁：辽宁科学技术出版社，2010.

[17] 刘卉.包装设计[M].上海：东华大学出版社，2010.